从小爱科学——物理真奇妙（全6册）

步步和巨人朋友

[韩] 全敏熙 著
[韩] 袁贤珍 绘
千太阳 译

石油工業出版社

有一个村子里生活着一个力大无穷的巨人。

巨人摇一摇树木，树木就会被连根拔起；巨人握一下石头，石头就会马上变成碎屑。

因此，人们都很惧怕巨人。

不过，巨人虽然力大无穷却也有比不上其他人的地方。

那就是——巨人的头脑是村子里最笨的。

有一天，一个名叫步步的孩子来到巨人的面前，问道：

“叔叔，你的力气是不是我们村子里最大的？”

“那当然！”

“那你跑步肯定也很快？”

“当然，没有人能够战胜我！”

“力”是我们经常使用的一个词。那“力”到底是什么呢？如果对球施加一点儿力量，球就会滚动；如果稍微摁一下气球，气球就会凹陷。另外，如果施加的力气更大，那么球就会滚到更远的地方，而气球则会“砰”一声爆掉。由此可见，力能够移动物体或改变物体的形状。

“那我们就来打个赌吧。你看到下面的那棵苹果树了吗？谁先跑到那里摘下苹果就算谁获胜。”

“可以。这么点儿距离，我一眨眼就能到了。”

巨人自信满满地回答道。

巨人大步流星，跑得像一阵风一样，步步根本无法追赶上巨人。

巨人转眼就跑到了苹果树附近。

可是有趣的一幕出现了，巨人居然直接跑过了苹果树。

如果没有阻碍的力或物体，运动中的物体就会持续运动，而静止的物体则会保持静止状态。这种性质我们称之为“惯性”。行驶中的公交车突然停下来，我们的身体就会不由自主地向前倾斜。比赛的时候，如果田径选手全力奔跑，那么他在越过终点线以后就会很难马上停下来。这些事情的发生都与惯性有关。

由于巨人跑得太快，根本无法马上停下来。

步步虽然跑得没有巨人快，却可以准确地在苹果树前停下来。

最终，步步比巨人先一步摘下了苹果。

“哎，太丢人了！”

巨人羞愧地用双手遮住了自己的脸。

在赛跑中获胜的步步变得有些得意洋洋。
“说不定玩滑板，我也比你快！”
步步向巨人挑衅道。
“开什么玩笑。这次我不会再输给你了！”
巨人怒气冲冲地反驳。
“这次我们比一比谁能先抵达田野对面的那口井。”
“好！”

“嗯，如果直接穿过田野，

肯定能马上抵达。”巨人想。

“我得顺着光滑的道路滑才行。”步步想。

巨人和步步各自踏着滑板滑了起来。

“啊，麻烦了！”

巨人惊慌失措道。

原来滑板在泥土和草丛中根本跑不起来。

而在这时，步步顺着光滑的道路滑得飞快。

最终，巨人再次输给了步步。

如果地面非常光滑，那么滚动中的球是不会停止的，因为地面上没有任何阻碍球移动的东西。

不过，普通的地面并不像我们想象的那样是绝对光滑的，因此，这还是会阻碍球的移动。

就像这样，阻碍物体移动的力，我们称之为“摩擦力”。如果踏着滑板在凹凸不平的草丛中滑行，那么产生的巨大摩擦力会使滑板的轮子很难滚动起来。

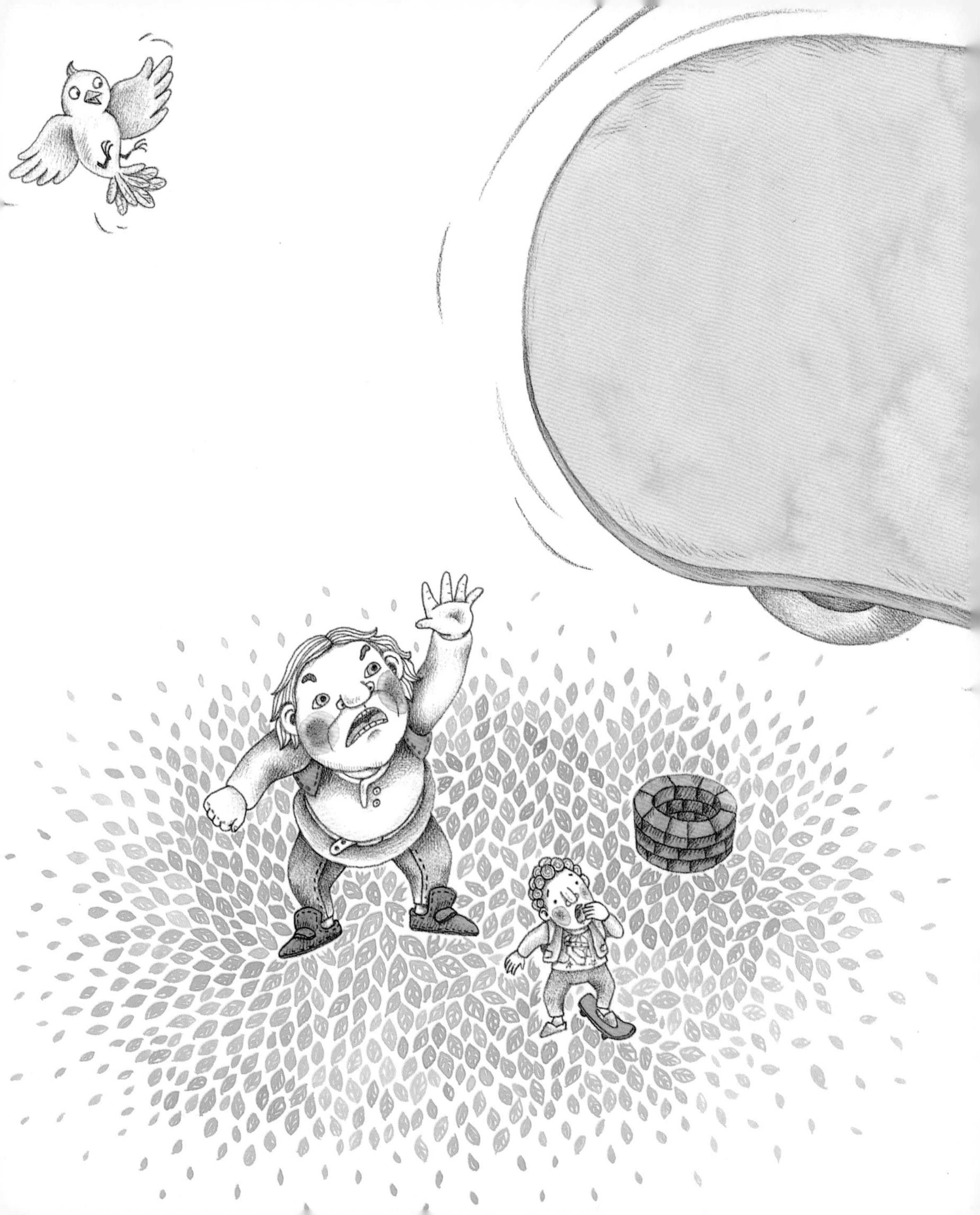

巨人沮丧地垂下了脑袋。

“啊！我再也不想见到这破滑板了。我要把它扔掉！”

说着，巨人将滑板抛向了天空。

“啊！”

没过多久，滑板直接掉在了巨人的头顶上。

“我的力气用光了吗？怎么连一个滑板都扔不掉？”

巨人一边揉着头顶上的肿包一边气哼哼地抱怨道。

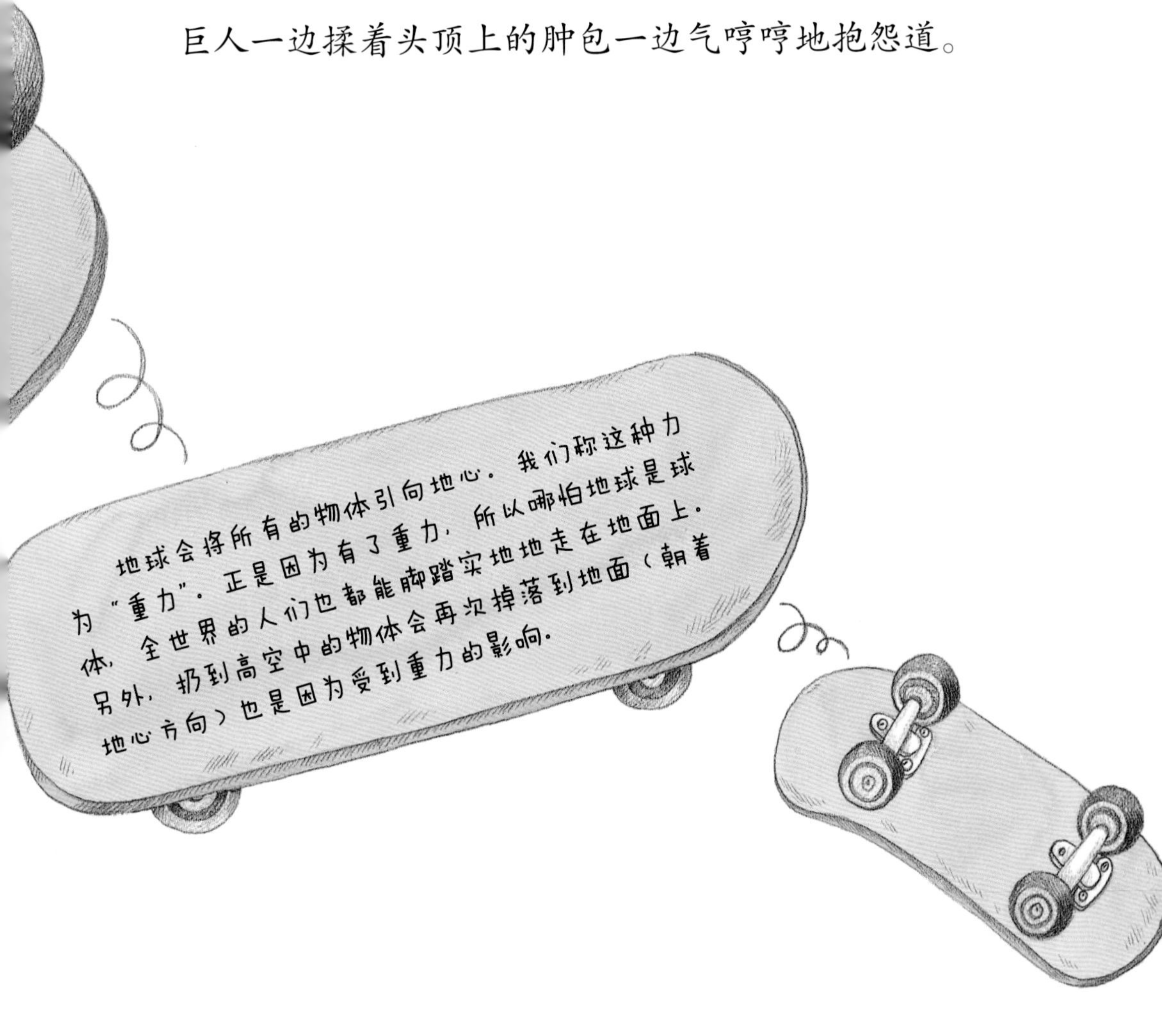

地球会将所有的物体引向地心。我们称这种力
为“重力”。正是因为有了重力，所以哪怕地球是球
体，全世界的人们也都能脚踏实地地走在地面上。
另外，扔到高空中的物体会再次掉落到地面（朝着
地心方向）也是因为受到重力的影响。

“不，我是世上力气最大的人。打败这块岩石也是轻而易举。”

巨人用力踹向身旁的岩石。

然而，巨人不仅没能踢碎岩石，反而还弄伤了自己的脚。

“哎哟！”

巨人抱着受伤的脚，疼得在地上打起了滚。

“没想到我这么没用。呜呜！”

巨人抽泣着。

步步看到这一幕之后，突然有些心软，劝说道：

“不是的。叔叔你的力气其实很大。”

“你不用骗我了！”

步步百般安慰巨人，但没有任何用处。

“我得好好安慰巨人叔叔……”

步步认真思考了一会儿，接着将自己心爱的足球递给了巨人。

“叔叔，这个送给你好了。你可以在无聊的时候拿来解闷。”

“这球看起来很不错啊！”

巨人睁大眼睛说道。

“来，你踢一下试试！”

巨人用力踢了下足球。

足球一下子飞到田野的那头。

“真的好有趣！”

“我就说叔叔的力量很大，对吧？”

步步安慰道。

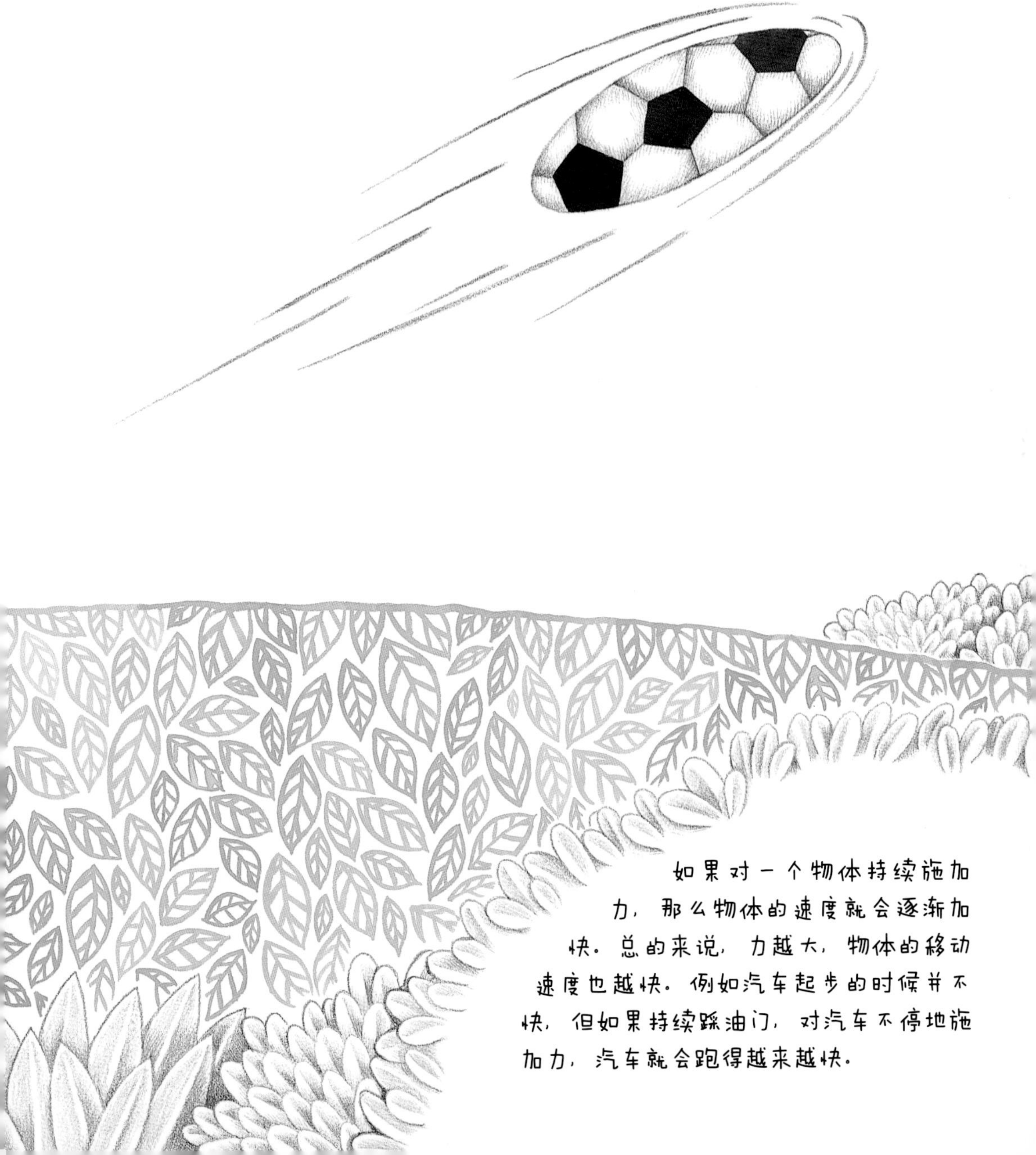

如果对一个物体持续施加力，那么物体的速度就会逐渐加快。总的来说，力越大，物体的移动速度也越快。例如汽车起步的时候并不快，但如果持续踩油门，对汽车不停地施加力，汽车就会跑得越来越快。

“谢谢你，孩子！你愿意成为我的朋友吗？我现在连一个朋友都没有。”

巨人笑了笑说道。

“我们不是早就成为朋友了吗？”

步步调皮地朝巨人眨了眨眼睛说。

世上的所有物体都会相互吸引

世上的万物都具有相互吸引的特性。我们称这种特性为“万有引力”。哪怕是非常非常小的珠子或宇宙中数之不清的星星都具有这种引力。

放在书桌上的铅笔和橡皮也会相互吸引。但是无论我们将它们放置多久，它们都不会靠近或贴在一起。那是因为它们拥有的力量实在是太小了。

地球也拥有一种吸引物体的力，我们称它为“重力”。

苹果树上的苹果只会掉落在地面上。它们并不会朝着上方或两侧飞去。

除此之外，桌子、椅子、钢琴等东西也会始终立在地面上，而不会飘浮在空中。这些现象都是地球拥有重力的表现。

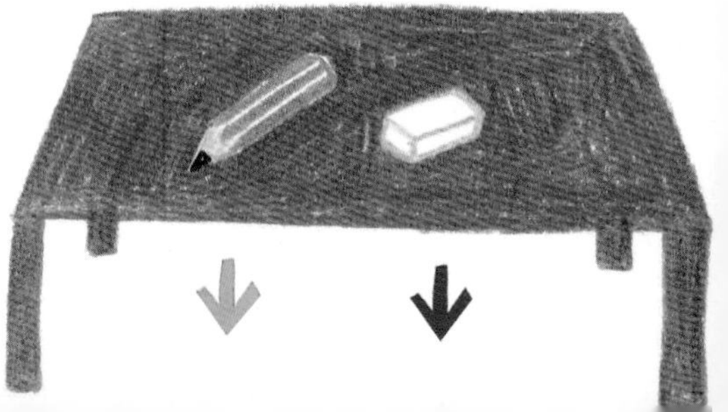

我们周边常见的惯性定律

上面的故事中，巨人由于跑得太快而没能及时停下来。

造成这种现象的原因就是“惯性定律”。“惯性”指的是让移动的物体持续移动，让静止的物体保持静止的性质。

我们经常也能看到一些符合惯性定律的现象。

例如在夏天，如果关掉开着的电风扇，那么电风扇的扇叶并不会马上停止旋转，而是会持续旋转好几圈之后才会逐渐停下来。这是因为扇叶有持续旋转的惯性。

接下来，我们做一个有趣的实验。

我们在玻璃杯上盖上一张卡片，然后在卡片上再放一枚硬币。

然后，我们用手指用力弹一下卡片。这时会发生什么事情呢？也许大家会觉得硬币会跟着卡片飞出去吧？不过，神奇的是硬币并不会随卡片飞出去，而是会直接掉落到杯子里。造成这一现象的原因也是出于惯性定律。一直静止停留在玻璃杯上方的硬币具有保持静止状态的性质，所以当卡片被弹飞时，硬币才会直接掉进杯子里。

1 巨人为什么会在摘苹果的比赛中输给步步？

2 阅读下面的句子，选择适当的词语填入[ ]中。

力	摩擦力	惯性	重力

（1）行驶中的公交车突然停下时，乘客的身体向前倾斜是因为[ ]。

（2）踩着滑板在凹凸不平地田野里前行时，轮子难以转动是因为[ ]。

3 哪怕地球是球体，人们也能脚踏实地地行走在地球上。这是因为地球拥有吸引万物的力量。这种力量叫什么？

答案 1. 巨人跑得飞快，所以先一步抵达苹果树，但由于无法马上停下来，所以最终越过了苹果树。 2.（1）惯性（2）摩擦力 3. 重力